韩式豆沙裱花

鲜花蛋糕

（韩）崔秀晶　著
金慧玲　译

U0385756

辽宁科学技术出版社
·沈阳·

前言

我 的 故 事

当取出精心准备的蛋糕的那一瞬间,听着如潮涌般的赞叹声,看着大家忙着拍照留念的身影,我的心里有种说不出的感动。想想那些为了制作蛋糕而数不清的不眠夜,现在看来真是太值得了。

曾经为了做出更能表达我心意的豆沙裱花,常常盯着花看到天亮,看着电影也想着制作,睡觉之前也想着制作,为了它,不知道熬了多少个夜晚,不知道付出了多少心血。

最近也是,课程结束之后,无论有多累,都要做一个蛋糕再下班。心情不好的时候,也通过做蛋糕来调整心情。对于现在的我来说,制作装饰蛋糕,不仅成为日常生活的一部分,也是自我放松的一个重要途径。

鲜 花 蛋 糕 的 故 事

随着课程的不断进行,明显感觉到鲜花蛋糕的人气在逐渐攀升。尤其是被称为"Korean Style Flowercake",即"韩式鲜花蛋糕"的制作也吸引了很多人亲自来到韩国学习这项技能。

不过是几年前,市面上随处可见那种颜色过分鲜艳的鲜花蛋糕。但是现在,用新鲜水果等材料做成的健康蛋糕,用天然色素做成的美丽的鲜花蛋糕等高端蛋糕,逐渐占领了蛋糕市场。

我最近听到最多的一句话就是:"哇,太漂亮了,这个是能吃的么?"可想而知,鲜花蛋糕的漂亮程度、受欢迎程度有多高。

但是,到目前为止,除了通过课程传授制作方法以外,可以学习制作的途径还不是很多。虽然可以通过国外的一些网站看到关于蛋糕制作的相关知识,但是大家普遍反映与当下流行的样式不同,满意度不是很高。我也是在最初开始制作的时候,曾因手上的资料有限,有些不知所措。但后来,通过自己的经验积累,通过照片、说明、视频等方式,我整理出一套非常详细的制作方法,希望能对大家有所帮助。现在,不要有所顾虑,跟我一起制作蛋糕吧。

为 您 加 油 祈 祷

有很多朋友，看着美丽的鲜花蛋糕，想自己尝试着制作。但因陌生的工具、烦琐的制作过程而望而却步的人不在少数。

我在最初制作的时候，做出来的东西没有一件是满意的，一直处在挫败中，也曾因太失望，乱扔勺子以泄愤。但是，我不讨厌失败。如果没有失败的话，也许只能做出很平庸、很无聊的鲜花蛋糕。因此，大家不要气馁，重新拿起你的裱花袋吧。那些曾经的失败，最后将成为礼物。渐渐的，在你的手上，将绽放各种各样美丽的花朵。

最后，我想对亲爱的妈妈、佑静、炳汗和太燃哥哥说声谢谢你们！

2016年7月
温暖的蛋糕 崔秀晶

目录

1

使用天然材料
制作蒸糕

★制作大米糕   036

★制作草莓糕   044

★制作蓝莓糕   048

★制作甜南瓜糕   054

★与孩子一起制作蛋糕   060

2

用豆沙让
鲜花盛开

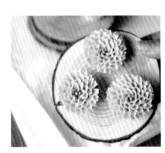

3

用花朵装饰蛋糕
完成制作

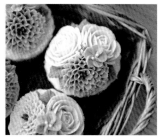

什么是鲜花蛋糕？

　　鲜花蛋糕作为蛋糕装饰中的一种，指的是用淡奶油或者奶油霜装饰的蛋糕。最初，只是用少许的玫瑰花来装饰，最近发展到用几种花朵、多样式装饰风格来装饰一件作品。

　　如果说最初的鲜花蛋糕是由蛋糕、淡奶油、奶油霜组成的西式做法的话，那么最近的流行趋势则是在糕（大米糕）的基础上，搭配豆沙奶油而制成，体现出了材料的多元化。

　　豆沙鲜花蛋糕是用大米粉制作成糕，再用染了色的豆沙做成鲜花来装饰。使用的材料如白芸豆做成的豆沙、天然色素、好的大米蒸出来的糕等，都是对身体有好处的材料，因此，可以作为健康食品来食用。

　　一说到"糕"，很多人会联想到传统的"年糕"，但是用现代的感知和材料，可以做出更高级、更富有现代设计感的蛋糕来，作为健康食品，上到老人，下到孩子，都可以放心食用。如果再加上美丽的花朵装饰，也会逐渐得到20~30岁年轻人的喜爱。

制作大米粉

作为大米糕的制作材料，让我们来了解一下大米粉的制作方法。

1. 用一个大盆，浸泡大米，水要没过大米。
2. 浸泡时间为夏天6小时，冬天12小时。
3. 用筛子将水过滤掉。
4. 将泡过的米拿到磨坊。
5. 不要在米中放水，将米碾压成粉末。

   小贴士：如果在碾压的过程中放水的话，之后制作时就不用再放水，直接放点糖就可以了。但是为了日后能掌握加水的方法，这里碾压的时候，我们选择不放水。

6. 分成小部分装起来，冷冻保管。

   小贴士：在使用的前一天晚上，将大米粉转移到冰箱冷藏室解冻，或者制作前3~4小时，提前拿出来自然解冻即可。因为大米粉末是湿的状态，如果在冰箱里超过1天，或者在室温情况下时间太长的话，容易坏。因此，一定要冷冻保管，使用前再解冻就可以了。

蒸糕前需要知道的常识

　　鲜花蛋糕的基础是大米糕了。大米糕起着支撑花朵的作用，无论花朵做得多么漂亮，如果大米糕很难吃的话，整体的效果也不会很好。因此，为了能做出美味的蛋糕来，让我们来熟练掌握下面的内容吧。

/ 将大米粉按照准确的量准备好。粉太多或者太少的话，加水环节会不好掌握，糕容易做坏。

/ 蒸糕的时候，在蒸桶中加入2/3的水。如果水不够的话，容易糊底。

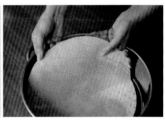

/ 在蒸器的底部盖上笼屉帘，防止粉末掉落。

/ 将蒸器的盖子用布绑起来。如果盖子上有水蒸气的话，容易掉落到糕上，所以一定要将锅盖用布绑上。

错误的例子

/ 制作圆形蛋糕时，不要将刮板如图所示立起来，容易破坏表面。参考第40页，倾斜着拿刮板。

/ 在水烧得滚开的时候，放入蒸器最好。25分钟之内，不要关小火，一直用大火蒸，糕才更好熟。

保存蛋糕的方法

蛋糕的保存很重要。做好之后，如果放的时间太长，容易裂开、变硬，所以需要特殊的方法保存。蛋糕要用透明蛋糕围边包起来，硅胶杯要在蒸后去掉，同时包上油纸，然后放进密封袋，防止干裂。

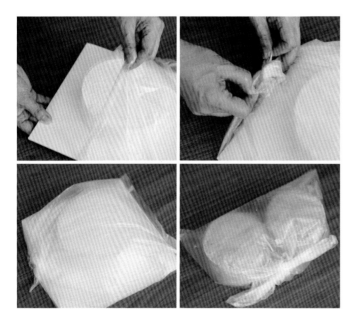

糕蒸好之后，在一天之内吃掉是最好的。如果，想多放些时日的话，建议冷冻保存。如果只是在冰箱冷藏或者常温中保存的话，过了一天，糕就会变硬。冷冻保存的糕，自然解冻之后食用即可，但还是建议当日食用。

小贴士：冷冻之后，如果想吃热腾腾的糕，建议将上面装饰的豆沙裱花摘掉，只将糕重新蒸一下即可。

关于豆沙

制作裱花蛋糕时用豆沙裱花，也可以用奶油霜来代替。

什么是豆沙?

豆沙是从白芸豆或红薯里提炼出来的一种物质。豆沙可直接食用，也可添加多种色素用于制作面包或饼干等。

豆沙的种类

豆沙有很多种类，例如苦瓜豆沙、白芸豆豆沙、地瓜豆沙、豌豆豆沙、绿豆豆沙等。制作裱花蛋糕时需添加色素做花，因此要使用白芸豆。

产品分类

白芸豆豆沙的种类很多。在本书中使用的豆沙为白玉豆沙S55M（5）-1。可以在市场或烘焙购物中心买到。

白玉豆沙S55M（5）-1

① 白玉豆沙：产品名。

② S：优质产品为P，低甜味标记为S，其他均不标。

③ 55：指糖度，有55和35的。数字越大表示糖度越高。

④ M：指豆沙的黏度，即Middle，简称为M。

区分	特征	黏度	产品使用
Yield point	非常稠	400克以上	用于机器制作的糕点
Hard	有点稠	240~400克	用于制作如糯米糕等糕点和点心
Middle	一般	140~240克	用于制作普通面包
Soft	稀	80~140克	比普通面包稀的种类
Rather than	非常稀	79克以下	核桃饼类

⑤（5）：指重量（千克），有3千克与5千克的，标记时一般省略千克。

⑥ -1：指配合比，因为配合比会有所不同，所以需标记。

使用方法

1. S55M豆沙大体上柔软，但因真空包装，刚开封时有点硬，因此需搅拌后使用。取出适量豆沙，用刮刀搅拌使其变软。

2. 豆沙里添加色素，继续用刮刀进行搅拌。

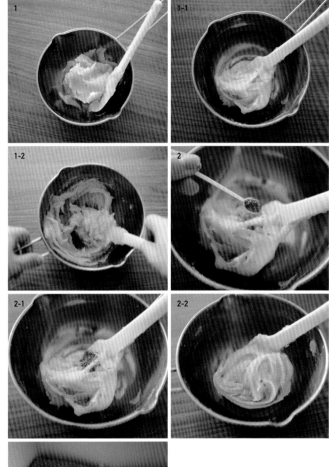

贮藏方法

常温保存，开封后需冷藏。

关于色素

　　用人工色素或者天然色素，可以演绎出如少女一般的粉红色，也可以做成突出重点的大红色。活用色素，做成五颜六色、华丽斑斓的花朵吧。色素也与其他材料一样，在烘焙商店或者与烘焙相关的网站上购买即可。

人工色素
　　人工制作的食用色素，加入少许即可，颜色种类较多。

天然色素
　　使用水果、蔬菜等在日常中能找到的东西制作成粉末色素。与人工色素相比，要加入很多才可以，颜色的种类也没有人工色素多。

小贴士：粉末色素可以放入一个小容器里，贴上标签，便于查找。

可以制作成天然色素的植物与
颜色

· 红色：红灯笼辣椒、甜菜
　等。
· 朱黄：红灯笼辣椒、栀子
　等。
· 黄色：黄奶酪、南瓜、栀子
　等。
· 绿色：绿茶、小球藻等。
· 蓝色：栀子与加了少许添加
　剂的蓝色。
· 紫色：紫色红薯、蓝莓等。
· 粉色：甜菜、仙人掌等。
· 棕色：可可。
· 黑色：章鱼墨汁。
· 白色：白色色素（人工色
　素）。

小贴士：调色时的注意事项

不要一次加入太多，一勺左右的豆
沙，加入1~2茶匙天然色素混合。虽
然很麻烦，但也要多加几次，每次少
量，才能调出想要的颜色。在调色的
过程中，粉末的量不同，就可能变成
别的颜色。所以要每次少放，仔细观
察颜色的变化。

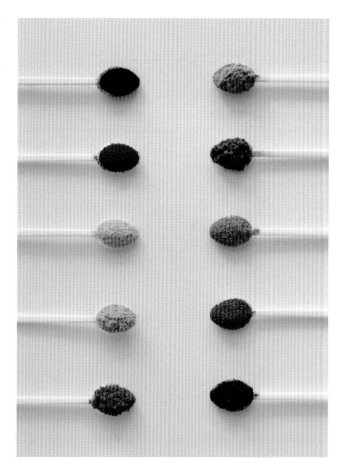

在豆沙中加入天然色素调色

如果一开始在豆沙里加入太多的色素，可能会导致调出的颜色太深或者调出不想要的颜色。如果想把深颜色重新变成亮颜色，将会需要大量的豆沙，所以最开始的时候，要一点一点加入色素，观察颜色的变化，调出想要的颜色。

用仙人掌粉末制作粉红色豆沙

材料：豆沙，仙人掌粉末
工具：迷你勺，小盆

1. 准备1~2勺豆沙。
2. 用勺子将豆沙调制成柔软的状态。
3. 加入1茶匙仙人掌粉末，搅拌均匀。
4. 如果想做成更深的颜色，再加入1~2茶匙粉末搅拌即可。在这里，我们又加了2茶匙粉末。

用艾草粉末制作绿色豆沙

材料：豆沙，艾草粉末
工具：迷你勺，小盆

1. 准备1~2勺豆沙。
2. 用勺子将豆沙调制成柔软的状态。
3. 加入2茶匙艾草粉末，搅拌均匀。
4. 如果想做成更深的颜色，再加入1~2茶匙粉
   末搅拌即可。在这里，我们总共加了5茶匙
   粉末。

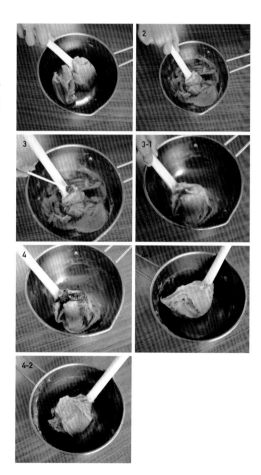

了解工具

工具分为蛋糕工具及裱花工具两种，在烘焙商店或者
与烘焙相关的网站上可以购买。

1.

蛋糕工具

1. 蒸锅
深一点的锅，煮水
沸腾后蒸蛋糕。

2. 蒸器
分为不锈钢和竹子
的两种，放入蛋糕
模子或者硅胶杯子
制作蛋糕。竹子容
易生霉，所以要在
阳光下晾干。不锈
钢的蒸器选择底部
可以分离的较为方
便。

3. 筛子
将大米粉筛匀时使
用。

4. 不锈钢盆
筛大米粉时在下面
接着时用的盆。

5. 量杯
量大米粉时使用。

6. 量勺
量水和白糖的量时
使用。书中，勺的
计量单位用"T"
表示。1大勺
=1T，1小勺=1t。

7. 慕斯圈
做蛋糕的时候使
用。高度分为5cm、
7cm。大小分为1
号、2号、3号等，
号码不同，大小不
同。

8. 硅胶杯
由硅胶制成，用于
制作杯形蛋糕时使
用。

9. 笼屉帘

用硅胶制成，铺在蒸器底部，防止大米粉末掉落。

10. 手套

用于触摸蒸器、硅胶杯子等热的容器时使用。手套里面有一层里子，起保护作用。

11. 蛋糕透明围边

将蛋糕包裹住，防止蛋糕侧面变干而使用。

12. 油纸杯

防止杯形蛋糕的侧面、底面变干而使用。

13. 翻转板

将蛋糕从蒸器中拿出时使用。

14. 棉布

捆绑在蒸器的盖子上，蛋糕朝上，防止水蒸气掉落。

15. 蛋糕旋转盘

放在蒸器的底部，一边旋转，一边整理蛋糕表面时使用。

16. 刮板

与蛋糕旋转盘一样，用于整理蛋糕表面时使用。

2.

裱花工具

1. 裱花嘴
套在裱花袋外面使用。根据号码不同，样子不同，花的种类也不同。

2. 裱花袋
装豆沙的袋子，豆沙比奶油霜硬一些，所以相比于塑料的裱花袋，用布的裱花袋更合适。可以使用与手的大小相匹配的裱花袋。

3. 花嘴转换器
连接裱花嘴与裱花袋，分为小号与大号，一般情况下使用小号。

4. 花托
在花托上制作花朵。右手挤，左手拿着花托的下端旋转。

5. 裱花剪
将花托上的花朵转移到蛋糕上或托盘上时使用。

6. 花托台
插花托时使用。

7. 迷你勺
调制豆沙，加入色素搅拌时使用。

8. 奶油盆
盛豆沙的工具。

9. 茶匙
盛粉末色素的工具。

10. 刮板
将裱花袋里的豆沙推到下端时使用。

11. 硅胶盖子
盖在奶油盆上，防止豆沙干掉。

12. 密封容器
在装饰开始之前，将豆沙放入容器，防止豆沙干掉。因为要用裱花剪转移，所以选择高度较矮、长度较长的比较方便。

13. 抹布
擦拭沾在裱花嘴上的豆沙时使用。

1

使用天然材料
制作蒸糕

　　大米糕犹如白色的雪花一样，纯洁干净，很久以来，一直被用在孩子的百天派对等特别的日子。材料和制作方法都很简单，这也是它被大家所喜爱的原因之一。用江米做成的糕，如打糕等，不能将豆沙裱花稳稳托住，所以在这里不考虑使用。想制作装饰花朵的蛋糕时，应该选用能结实地托住豆沙裱花的大米糕。

制作大米糕

steamed white rice cake

准备

材料（制作一个1号慕斯圈的量）：大米粉5~6杯，水4~7茶匙，白糖4~7茶匙

工具：蒸锅，蒸器，盆，筛子，量杯，量勺，笼屉帘，旋转盘，1号慕斯圈（直径15厘米，高7厘米），刮板，蛋糕盘，蛋糕透明围边

　　大米糕由于制作简单、营养成分高等优点，受到大家的喜爱，但成品会很快变硬，建议当天食用。如果想送人的话，建议提前几小时做好，如果想吃热乎的，建议将豆沙裱花取下，再蒸15分钟食用即可。

1. 用大火将水煮开，准备5~6杯大米粉。

2. 加入2/3量的水，确认一下大米粉的状态。

   提示：如果是特别吃水的大米粉，刚开始就加入全部的水，容易变得特别稀，所以先加2/3的水。

3. 用手将大米粉与水充分混合搅拌。

   提示：搅拌的过程，如果时间太短，蒸出的糕会很硬，因此要充分揉匀。

4. 充分搅拌，直到没有大的硬块存在为止。然后将一块面球一分两半，如果有很多面粉掉下来，或者没有成团的话，都是缺水的表现。此时，加入剩下的水，再用手搅拌。

5. 将剩余的水倒入，搅拌一会儿后，再重新确认面团的状态。将面团一分两半，如果没有很多面粉掉下来，摔在盆里，面团还保持原来的样子的话，加水搅拌的工作就算完成了。

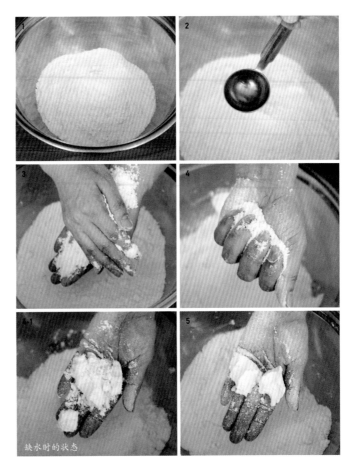

缺水时的状态

6. 加水工作完成之后，用筛子过一遍。

7. 再用筛子过一遍，保证没有大的硬块存在。

8. 根据个人口味，放入白糖。

   提示：加入白糖后，制作的速度要加快。因为面粉在湿的状态下，又加了白糖，面会很容易变稀，因此要加快制作速度。

9. 将蒸器放在旋转盘上，下面铺好笼屉帘作准备。将慕斯圈放在正中间，大米粉末倒入其中，用手抹平。

提示：如果用手用力按粉末的话，可能导致糕蒸不熟，因此要轻轻地铺平表面。

10.使用刮板，将表面处理干净。将刮板的末端紧贴在慕斯圈的里端，左手旋转转盘，使表面变得平整。

提示：如果将刮板立起来的话，不能很好地整平表面，因此要倾斜着拿刮板。

11. 两手扶着慕斯圈，上下左右一点点地旋转，留出4~5毫米的空隙。没有此过程，直接蒸也是可以的，但是留出空隙之后，糕会更容易蒸熟。

提示：如果剧烈地移动慕斯圈的话，可能导致糕断裂，因此要小心地转动。

12. 步骤1中，水烧开之后，将11步中做好的糕用大火蒸25分钟，然后关火再闷5分钟。

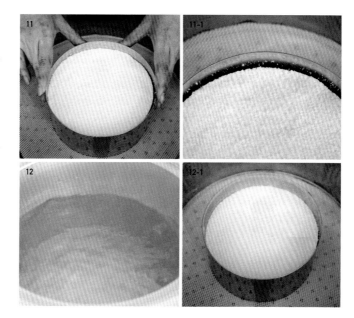

13.小心地将慕斯圈取掉,将一个平盘子放在糕上。

14.一只手压住盘子,另一只手抓住蒸器的底端,翻转一下。

15.取下粘在底部的笼屉帘。

16. 在翻转的糕上面，放一个蛋糕盘，再翻转一次。

17. 大米糕再次回到正面后，小心地拿掉平盘子。

18. 防止糕干掉，旁边加上蛋糕透明围边。

19. 大米糕的制作完成了。

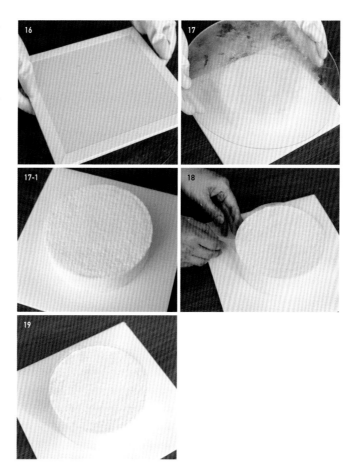

制作草莓糕

snow white rice cup cake with strawberry

准备

材料（制作4个杯形蛋糕的量）：大米粉4杯，草莓汁3~5茶匙，白糖3~5茶匙

工具：蒸锅，蒸器，筛子，量杯，量勺，笼屉帘，棉布，硅胶杯，油纸杯，手套，杯形蛋糕盒

　　亮丽的颜色与可口的香甜，再加上酸酸甜甜的味道，可人的草莓，一起组成了草莓蛋糕。草莓在甜点中是必不可少的一种水果，在米糕的制作过程中也是常用的水果之一。

1. 大火将水煮开，准备4杯大米粉。

2. 将新鲜草莓或者冷冻草莓打成汁备用。

3. 参考第38页的制作过程，制作大米糕，这里要用草莓汁代替水。首先将所需要的草莓汁的2/3倒入，观察大米粉的状态。

   提示：如第38页所示，一边观察大米粉的状态，一边加草莓汁。开始的时候，加入2/3的草莓汁就可以了。

4. 用手搅拌，使草莓汁与大米粉充分融合。

   提示：这个过程如果偷工减料的话，将来做好的糕会很硬，所以要充分搅拌好。

5. 感觉搅拌均匀之后，用手抓一些面粉观察。如果加水加得合适的话，就进入下一步骤；如果不合适的话，将剩下的水倒入再搅拌。将面团一分两半，如果面粉不掉落，摔在盆里，面团的样子不改变，就算是成功了。

6. 用筛子过两遍之后，根据个人喜好，可以加入白糖。

提示：加入白糖之后，要加快制作速度。

7. 将面粉用手盛到硅胶杯中，成小山形状，再用手轻轻地整理一下。

错误的例子

提示：此时，不要按实，只是简单地轻轻整理一下即可。如果想要做出来的糕有干松的感觉，就一定不要挤压。

小贴士：如果用锥子将硅胶杯底扎漏的话，热气会更好地进入蛋糕中。

8. 如步骤7中所示，将硅胶杯放入蒸器中。

    提示：放入蒸器的过程中，如果糕的表面裂开的话，之后蒸好的糕也是裂开的。因此，在蒸之前要再整理一下。

9. 水烧开之后，大火蒸25分钟，再关火闷5分钟。

10. 戴上手套，将糕从硅胶杯中取出。在倒过来的状态下，套上油纸杯。

11. 重新翻过来，放在桌面上，将侧面也仔细地都贴上油纸，用剪刀将多余的纸边减去，用塑料袋密封好。

制作蓝莓糕

snow white rice cup cake with blueberry

准备

材料（制作2个杯形蛋糕的量）：大米粉4杯，蓝莓汁3~5茶匙，白糖4~6茶匙

工具：蒸锅，蒸器，筛子，量杯，量勺，笼屉帘，棉布，慕斯圈，蛋糕透明围边，刮板

　　蓝莓中含有丰富的青花素。因蓝莓表皮为深色，制作蛋糕时无须添加色素。其他过程与制糕基本相同，只是用蓝莓汁代替水即可。

1. 大火烧水，准备大米粉。
2. 搅拌新鲜蓝莓汁或冷冻蓝莓汁。
3. 往大米粉中加入2/3的蓝莓汁。

   温馨提示：大米粉吸水性强，因此不要把全部蓝莓汁都放进去。先放2/3的量，再放剩余部分。

4. 参考第38页，用手轻搓大米粉让其和水充分地搅拌均匀。为确认大米粉中含水程度，可用手攥紧一把大米粉成团，一分两半，确认大米粉不会散开。
5. 过筛两次大米粉后，搅拌均匀。

6.放入白糖，加快搅拌速度。

7.蒸锅中放入迷你圆形模具，均匀地倒入大米粉。

8.使用刮板刮平表面。

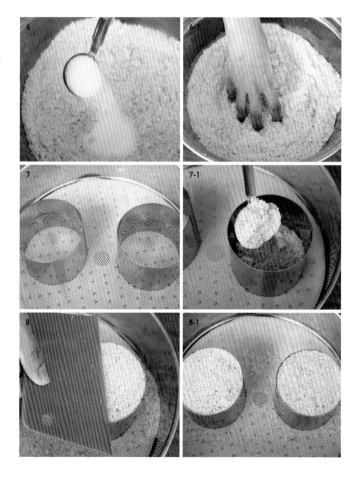

9. 加盖大火蒸制25分钟，蒸好后要闷5分钟。
10. 参考第42页，使用蛋糕转移板取出蒸糕。

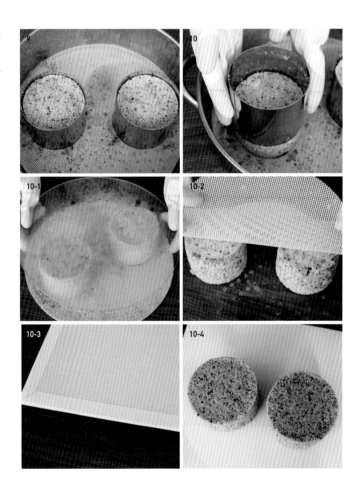

11.蛋糕用透明围边包好，放
   进密封塑料袋里。

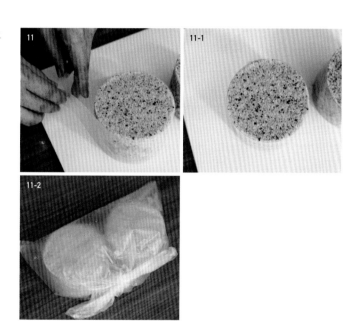

制作甜南瓜糕

sweet pumpkin steamed rice cake

准备

材料（制作一个1号慕斯圈的分量）：大米粉5~6杯，甜南瓜和水4~6茶匙，糖4~6茶匙

工具：蒸锅，蒸器，盆，筛子，量杯，量勺，笼屉帘，旋转盘，1号慕斯圈（直径15厘米，高7厘米），透明蛋糕围边，刮板，蛋糕转盘，蛋糕盒

　　甜南瓜富含维生素和矿物质，不仅对身体好，而且口味香甜，最近用它来替代主食的人很多。首先，将甜南瓜做成泥状备用，如果能加一点点甜甜的南瓜酱的话，味道会更好。当成礼物送给老人也是非常好的。

1. 将甜南瓜去皮后切成块放入容器中捣碎。用勺子将南瓜充分弄碎后，分成两份，在其中一份中加糖。
2. 开大火，放上水，准备好大米粉。
3. 加入1勺水，看看大米粉的状态，放入甜南瓜。
4. 用手将甜南瓜与大米粉充分混合。

提示：为了做出来的糕不硬，一定要充分混合好。

5. 充分混合，直到没有硬块，也没有粉末掉下来为止。其间可以加水，自己掌握硬度，以握成团后能保持住形状为准。

6. 用筛子筛两遍，保证没有大的硬块。

7. 根据个人喜好，可以加糖快速搅拌。

8.将蒸锅放在转盘上,将慕斯圈放在蒸锅中间,倒入七成左右的大米粉。做好的甜南瓜泥用勺盛出,大小大概是一节手指那么大,均匀地放在面粉上。

9.将剩下的大米粉倒入,一边旋转转盘,一边用刮板将表面抹平。

提示:将板子倾斜着拿并且旋转转盘,才不会将糕的表面破坏。

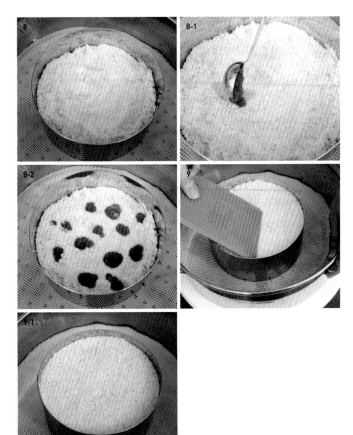

10. 两手握住慕斯圈，上下左右轻轻转动，留出4~5毫米的缝隙，有助于均匀地蒸熟蛋糕。
提示：不要让成品散掉，一定要小心地转动慕斯圈。

11. 水开之后，大火蒸25分钟，关火后闷5分钟。

12. 参考第42页，将蛋糕转移到蛋糕盘上。

13. 包上透明蛋糕围边。

与孩子一起制作蛋糕

与孩子一起制作健康的蛋糕吧！自己亲自放入面粉和新鲜的水果，认真搅拌面粉。看着孩子摸着蓬松的面粉而洋溢的快乐微笑，想一想都会觉得很幸福吧！

　　等待蛋糕出锅的过程也是愉快的。我们制作的第一个蛋糕新鲜出炉，吃着蛋糕，相互分享着这美好的时光。

2

用豆沙让鲜花盛开

　　本章让我们来了解一下鲜花蛋糕中最重要的
"鲜花盛开"的制作方法。在托盘上，制作即将在
蛋糕上装饰用的花朵。如同装饰一个小花园一般，
今天做玫瑰，明天做向日葵，每天制作各种各样的
花朵。在第2章中，让我们来一起动手做。跟着我
们一步一步操作，你也能做出属于自己的甜蜜的花
朵。

制作玫瑰花

rose piping

准备

材料：白玉豆沙
工具：103号或104号裱花嘴，裱花袋，花嘴转换器，花托，裱花剪

玫瑰花，被称为花中之王。每每看着盛开的玫瑰花，心里就会油然升起一种幸福感。玫瑰花也是豆沙裱花的代表之一，制作时用103号玫瑰裱花嘴或者104号玫瑰裱花嘴做花柱、花蕾、3叶花瓣、5叶花瓣、反复的5叶花瓣这5个步骤，一朵可爱的豆沙玫瑰花就完成了。

1
—
制作花柱

1. 左手拿着花托的底部，右手拿着装有103号或者104号玫瑰裱花嘴的裱花袋，裱花嘴薄的一边朝下。

2. 在花托的中间制作花柱。支柱的下半部分要厚一点，越往上越轻用力，做成小山一样的形状。

小贴士：花柱的高度为一节手指就可以了。

提示：结尾部分不要做得很尖，要做成平平的感觉。

★错误的示范

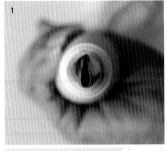

2

制作花蕾

裱花嘴的角度是向11点方向稍稍倾斜，裱花嘴的下半部轻轻贴在花柱的中间，顺时针方向旋转。

提示：制作花蕾时，裱花嘴的下半部分不要脱离花柱。同时，右手顺时针方向慢慢转，左手要比右手快，并且向反方向旋转。

小贴士：从上往下看的时候，花蕾的洞要小，做出来的玫瑰花才会更好看。

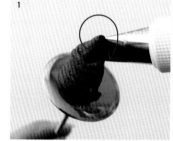 

小贴士：裱花嘴的角度

以自己身体为基准，拿裱花嘴的方向：

①11点方向　②12点方向　③1点方向　④2点方向　⑤3点方向

3

制作3叶花瓣

1. 裱花嘴的下半部分从花蕾的2/3处开始，裱花嘴的角度是12点方向，左手逆时针方向转动花托，做成玫瑰花的叶子。

2. 用同样的方法，再做2次，形成3叶花瓣。3叶花瓣稍微重叠一点完成，此时裱花嘴不要离开花蕾，否则会形成小洞就不美观了。

小贴士：从上往下看时，按照正四边形的样子做，与第67页制作的花蕾相比，挤得稍微高一点儿会更好。

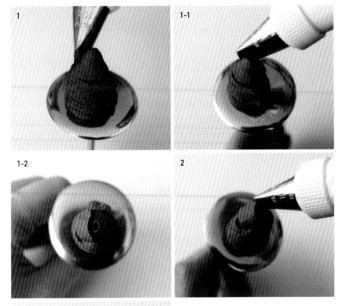

4

制作第一层5叶花瓣

1. 将裱花嘴立起来，角度是
   12点方向，紧贴花柱下部
   分从下到上，高度与3叶
   花瓣同高时，再从上到
   下，做出一个马蹄形。

2. 与刚才步骤1相同的方法，
   竖着稍微重叠一点制作
   5叶花瓣。像3叶花瓣一
   样，从上往下看时，呈正
   五角形。

   小贴士：操作时，裱花嘴不要
   离开支柱，否则会形成小洞就
   不美观了。5叶花瓣的高度要与
   3叶花瓣的高度相同，不要高也
   不要低。

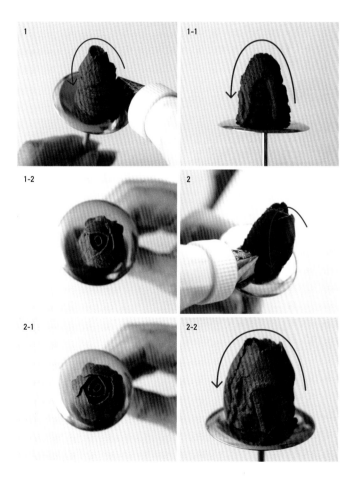

5

制作5叶花瓣

1. 将裱花嘴以1点方向拿好，在之前做成的第一层5叶花瓣的基础上，挤裱花袋，做成马蹄形状的花瓣。

2. 继续之前的方法，按照图中箭头方向，制作5次，形成5叶花瓣。在第一层5叶花瓣之上再做一层5叶花瓣。

3. 犹如花瓣正在绽放一般，裱花嘴的角度渐渐向2点、3点的方向倾斜，按照箭头方向滚边。

提示：高度要渐渐升高，不要突然升高，也不要高出第一个5叶花瓣。

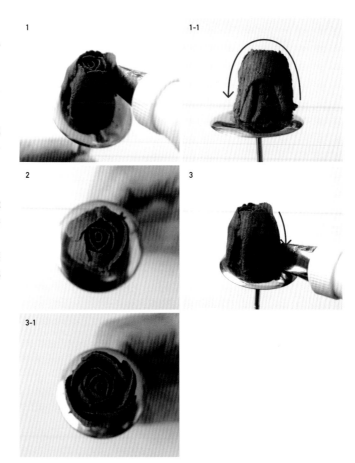

1   1-1

2   3

3-1

4.完成2层之后，5叶的花瓣要重复2~3次。制作成你想要的大小就可以了，从上往下看的时候，呈一个圆形。

小贴士：花朵的大小根据滚边的次数决定，但也会随着挤裱花袋时的用力程度、花瓣之间紧密程度的不同而变化。

4

4-1

4-2

制作菊花

chrysanthemum piping

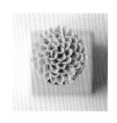

准备

材料：白玉豆沙
工具：81号菊花裱花嘴，裱花袋，花嘴转换器，花托，裱花剪

　　菊花是豆沙裱花制作中最费力的花朵，与其他花朵相比裱花嘴的洞小，花瓣的数量多，手上要用的力很多。时刻牢记力道的使用，就能制作出美丽的菊花来。

1

制作花柱

1. 左手拿着花托的下半部分，右手拿着裱花袋。将81号裱花嘴的缺口朝上拿好。

2. 在花托的中间部分制作花柱。挤压裱花袋，从上往下看的话，呈一个圆形；从旁边看的话，呈一个一字形。

3. 将花柱中间空的部分全部填满。

  小贴士：与制作玫瑰花不同，越往上时越要做成扁扁的一字形。高度控制在一节手指的1/2处最佳。

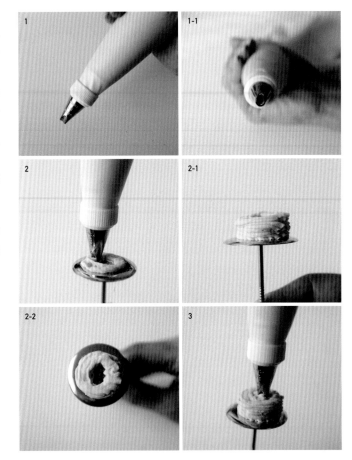

2

制作3叶花瓣

1. 将裱花嘴倾斜至1点方向，竖着贴在花柱的中间，如图所示画一叶小的半圆形花瓣，大概1厘米。

2. 旋转花托，画出第二叶花瓣，要画在第一叶花瓣的半圆里面。

3. 如果画得标准，从上面看是一个微笑的图案。

小贴士：挤菊花花瓣的时候，下半部分要厚，越往上力气要用得越小。如果下半部分制作得不厚的话，上面的花瓣容易倒塌，这点要注意。这点也适用于菊花所有花瓣的制作。

提示：如果裱花嘴的方向是12点方向，做出来的花瓣会不自然。还有，花瓣与花瓣之间要连接上，不要留出洞，留出洞就不美观了，所有的花瓣都要互相连接上才行。

★不相互连接，裱花嘴12点方向的例子

3

制作散开的花瓣

1.将裱花嘴贴在之前做好的
花瓣下端，使花瓣与花瓣
尽量重叠地挤压裱花袋。
2.裱花嘴的方向慢慢从1点转
向2点，像躺下一样慢慢
地制作出散开的花瓣。

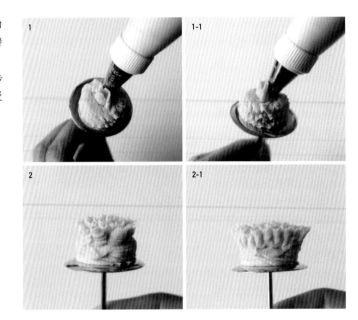

3. 做成之后从旁边看花瓣的高度呈一字形，均匀分布就可以了。

小贴士：花瓣和花瓣之间不要太整齐，太整齐显得不自然。在花瓣和花瓣中间挤，会更好看。

提示：不要在花柱下端加花瓣。因为全部完成之后，要用裱花剪转移成品，太往下加花瓣容易毁掉成品。

制作雄蕊菊花

材料：白玉豆沙
工具：81号菊花裱花嘴，3号圆口裱花嘴，裱花袋，花嘴转换器，花托，裱花剪

　　制作雄蕊菊花是指在基本款的菊花基础上，做出加雄蕊的地方。制作花柱后，不做3叶花瓣，而是做可以留出5叶花瓣的空间。接着像制作基本款菊花一样，完成最后的雄蕊制作。

1

制作花柱和5叶花瓣

1. 参考第74页,制作基本菊花的花柱。

2. 将裱花嘴倾斜至1点方向,从花柱的中间位置开始,挤出5叶花瓣。花瓣与花瓣之间稍做重叠。

   小贴士:如果花瓣与花瓣不重叠的话,中间制作花蕊的空间会变大。这个位置越小,将来做出来会越好看,因此花瓣间要重叠来做。制作花瓣时,与制作基本菊花花瓣相同,花瓣下端要厚,越往上,用力越小,花瓣渐渐变尖。如果下端做得不厚实的话,整体花瓣会变小,也会有倒塌的危险。

   提示:如果将裱花嘴朝向12点方向,做出来的花瓣会不自然。另外,花瓣与花瓣之间要充分紧密地贴在一起才好看,不然中间会出现孔洞,影响美观。

2
—
展开花瓣

参考第76页，与制作基本
菊花的步骤一样，制作出
展开的花瓣。

3

—

制作雄蕊

使用3号圆口裱花嘴制作中间的3个雄蕊。如果做得太薄，容易晃动，所以底部位置要做得结实一点，越往上越薄。

小贴士：根据设计要求，也可以制作更多的雄蕊。

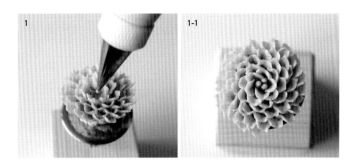

制作皱纹花

wrinkle blossom piping

准备

材料： 白玉豆沙

工具： 101号玫瑰裱花嘴或102号玫瑰裱花嘴，裱花袋，花嘴转换器，花托，裱花剪，油纸

皱纹花，如同它的名字一样，是褶皱很多的花朵。相比规规整整的样子，不规则地排列更显得花朵美丽自然。因为这类花的花瓣很薄，很难用工具转移，所以要先冷冻固定一下再使用。因此，与其他花相比，从时间上考虑，先制作这类花会更好。

1

——

准备油纸

1. 油纸要剪成比花托大1~2毫米备用。
2. 在花托上面稍微挤一点豆沙，将准备好的油纸贴在花托上。

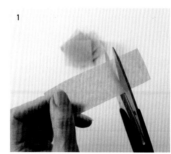

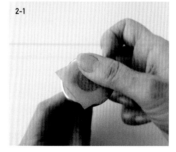

2

制作水波花瓣

1. 用101号玫瑰裱花嘴或者102号玫瑰裱花嘴，将薄的一边朝上，抓住裱花袋。

2. 将裱花嘴的下端贴在花托上，从中间部分开始挤。

3. 裱花嘴稍微在花托上停留一会儿，然后朝向上的方向挤裱花袋。薄薄地向上，制作2~3个水波样子的花瓣，再重新从开始的地方往下挤裱花袋。

提示：1. 与右边的花瓣比，左边的花瓣要高点，下一个花瓣才好看。如果全是一个高度，没有高低层次，就没有立体感。

2. 想象着把做好的花瓣平均分成3等份，中间的部分不要比两边低才行。

4. 在用同样的方法制作出来的花瓣后面，制作3个水波模样的花瓣。

5. 1~3个水波模样的花瓣仿佛望着花朵的中心位置一般，制作5组左右。可以按照3-2-3-2-3-2的顺序制作，也可以随意制作。

3

制作花蕊，冷冻完成

1. 准备3号圆口裱花嘴，用黄色的豆沙在雄蕊位置轻轻挤一下，形成圆形的雄蕊。

   小贴士：黄色的豆沙可以混合一点黄奶酪、南瓜粉或栀子粉。

2. 准备3号圆口裱花嘴，用褐色的豆沙在最中间的位置点一个圆圆的小点。

   小贴士：褐色的豆沙可以混合一点可可粉。

3. 在其余的花朵中间，按刚才的方法，全部点上雄蕊，一定要把中间部分填满。

4. 在冷冻室内放30分钟左右，使用的时候拿出即可。

   提示：豆沙冻得慢，化得快，所以从冷冻室里拿出来后，请尽快使用。

制作雏菊

daisy piping

准备

材料：白玉豆沙
工具：101号玫瑰裱花嘴或102号玫瑰裱花嘴，3号圆口裱花嘴，裱花袋，花嘴转换器，花托，裱花剪，油纸

　　雏菊的花语是"纯洁的心"，正如它的花语一般，雏菊的外观也是很清纯、很纯粹的。因此，与其他华丽颜色的花朵相比，雏菊只需要洁白的花瓣加上黄色的花蕊即可。

1

准备油纸

参考第84页，将油纸剪成
比花托大1~2毫米备用。

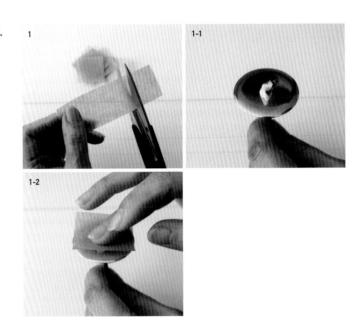

2

制作1叶花瓣

1. 用101号玫瑰裱花嘴或者102号玫瑰裱花嘴，将薄一点的部分朝上，如图所示拿好，贴着花托从中间开始操作。

2. 将裱花嘴稍微贴着花托，挤薄薄的一层，方向如图箭头所示，做成一个圆形的花瓣形状。重复刚才的步骤。

   提示：上端的宽度与下端的宽度要不一样才美观。

   (0) (X)

3. 反过来看的话，呈一个水滴状就算成功了。

   提示：花瓣的形状，主要靠右手来画圆，但左手也可以一起旋转，这样画出来的会更好看。

   *从旁边看过来的样子

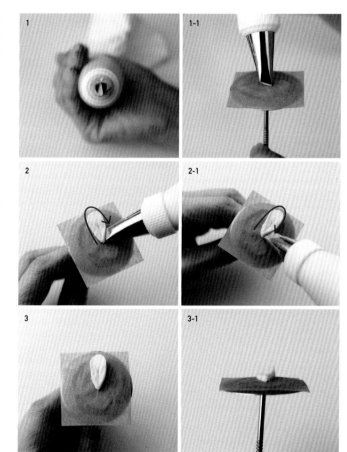

3

制作剩下的花瓣

1. 从前面花瓣立起来的左边开始，第二叶花瓣在第一叶花瓣的1/3处制作。

2. 一直重复这个步骤，完成剩下的花瓣。

小贴士：如果一开始做出的花瓣太长，那么后面制作的花瓣要相对短一点，最后形成一个圆形。如果实在很难形成一个圆形，可以在油纸上先画一个圆再制作。

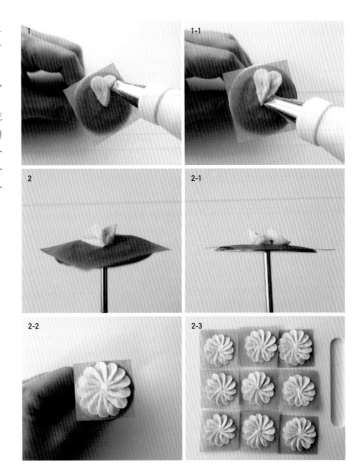

4
制作花蕊，冷冻完成

1. 用3号裱花嘴在花的中间挤黄色的花蕊。

   小贴士：在挤花蕊的过程中，如果最后很快收尾的话，会形成长长的尾巴，不美观，要注意。

2. 参考第87页，在冷冻室内放30分钟左右，使用的时候拿出即可。

   提示：豆沙冻得慢，化得快，所以从冷冻室里拿出来后，请尽快使用。

错误示范图

制作毛茛花

ranunculus piping

准备

材料：白玉豆沙

工具：103号玫瑰裱花嘴或104号玫瑰裱花嘴，3号圆口裱花嘴，裱花袋，花嘴转换器，花托，裱花剪

　　毛茛花因其叶片层层重叠，非常美丽，所以也常常被用来制作新娘的捧花。制作豆沙裱花时，层层重叠的花瓣是主要亮点。制作花瓣的时候，因为花瓣很多，所以要注意左右手的相互配合。做好这点，就能做出漂亮美丽的毛茛花了。

1

制作花柱

1. 左手拿着花托的底端，右手握住裱花袋。用103号玫瑰裱花嘴或者104号玫瑰裱花嘴，将薄的一头竖立朝上。

2. 挤压裱花袋，从花托的中间开始，向上挤裱花袋。下面宽，越往上越尖，做成一个小山的形状。但是小山的山顶不要做成尖的，要做成平的。

   小贴士：小山的高度大概是一节手指长。

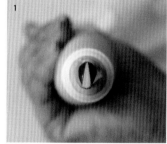

2

制作3叶花瓣

1. 将裱花嘴朝向12点方向立起来，贴在花柱的下端，从下往上挤裱花袋，高度稍微高于花柱，再向下做成一个马蹄形，如图1-1箭头所示。

2. 左手抓住花托，如图中箭头所示方向慢慢旋转，用步骤1中的方法做出稍微重叠一点的3叶花瓣。

3. 从上往下看，呈一个正四角形就成功了。

小贴士：挤裱花袋的过程中，裱花嘴一定不要离开花柱，否则会出现小洞，不美观。

*花柱与花瓣之间出现小洞的样子

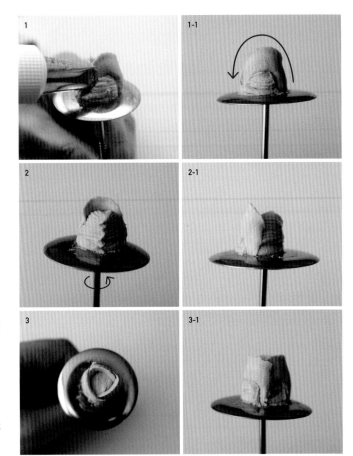

3

制作相互重叠的3叶花瓣

1. 与最开始制作3叶花瓣的方法一样，再做一个3叶花瓣，但这次做的要与之前的3叶花瓣交错开。

2. 每个花瓣之间稍微错开一点，做出来的高度与之前3叶花瓣的高度保持相同。

   提示：中间空出来的位置是留给花蕊的。但是，如果花瓣制作时没有贴紧花柱，中间的位置将会变大，会影响整体效果。因此，3叶花瓣制作时要完全贴花柱。

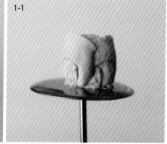

4

制作旋转的1叶花瓣

1. 将裱花嘴倾斜至12点方向，裱花嘴角度如图所示，高度尽量与3叶花瓣的高度相同，裱花嘴的下端贴在3叶花瓣上开始挤裱花袋。

2. 左手跟着慢慢地旋转花托，右手画一个圆。

提示：旋转画圆的时候，如果裱花嘴的下端没有贴在之前的花瓣上，画出来的花瓣很容易掉下来。因此，要从头到尾紧贴着画圆。

*裱花嘴下端没有贴在花瓣上，导致花瓣掉下来的样子

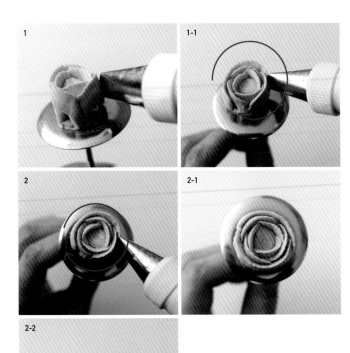

5

制作最后的2叶花瓣

1. 与之前画花瓣的方法相同，画一个圆形，裱花嘴的角度渐渐变成1点方向。

    提示：裱花嘴的角度决定了花叶展开的角度。如果越过1点方向，花瓣会展得太大，不太美观，请注意。

2. 挤出2叶花瓣，圆圆的花瓣一共为3叶，最多可以做4叶。

6

制作花蕊

1. 用3号圆口裱花嘴将中间部分填满。

2. 做出的高度要与3叶花瓣的高度相同，下端稍厚，越往上，用力越小，做出来的越薄。

    小贴士：如果花蕊的下端不做得稍微厚一点儿的话，花蕊会有晃动的可能。

制作大的毛茛花

big ranunculus piping

准备

材料：杯形蛋糕1个，白玉豆沙
工具：103号玫瑰裱花嘴或104号玫瑰裱花嘴，3号圆口裱花嘴，裱花袋，花嘴转换器，裱花剪

　　与在花托上制作的毛茛花相比，在杯形蛋糕上制作的毛茛花花瓣更多、更茂盛。类似的除了毛茛花之外，向日葵、玫瑰等也可以用这个方法制作。花瓣间相互不接触，也不倒下的状态是最美的，要调整好手的力道。

1

制作花蕊的空间

1. 如果在杯形蛋糕上直接做
   花朵，可以用裱花剪在蛋
   糕表面薄薄地涂抹一层豆
   沙，起黏合作用，这样会
   更容易操作。
2. 用裱花嘴的下端部分在杯
   形蛋糕的中间轻轻压一
   下，留出一个圆圆的位
   置。

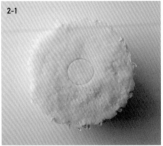

2
制作花瓣

1. 将103号玫瑰裱花嘴或者104号玫瑰裱花嘴的薄的位置朝上，如图所示拿好。
2. 用裱花嘴的下端，在刚刚标志好的花蕊位置上，贴着表面，形成一个圆。

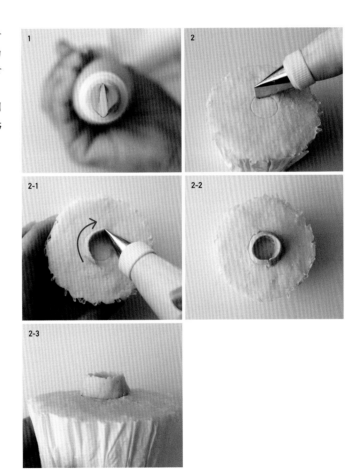

3. 其他的花瓣也是如此，在刚刚画的圆的基础上，裱花嘴贴着花瓣的底部，再画一个圆。

4. 一直画这样的同心圆，就这样做成了花的花瓣。大概做10个这样的花瓣，花瓣开始与结束的部分稍微连接上。

提示：如果不紧贴里圈花瓣的底部，从上往下看会形成一个洞，不美观。

挤裱花袋的时候，如果不太用力，花瓣会因站不住而贴在一起。

*挤裱花袋时不用力而导致的花瓣粘连，出现小洞的样子

3

制作花蕊

1. 使用3号圆口裱花嘴，将空
   出来的中间部分都填满。

2. 花蕊制作时，高度要与花
   瓣的高度相同，刚开始挤
   的时候要厚一点，越往上
   力道越轻，做得越薄。如
   果花蕊的下端做得不厚
   实，会有晃动的危险，请
   注意。

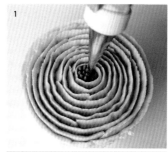

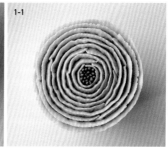

制作蔷薇花

rosette piping

准备

材料：杯形蛋糕 1个，白玉豆沙，糖珠
工具：16号星形裱花嘴，352号叶子裱花嘴，裱花袋，花嘴转换器

　　本节制作的是充满浪漫气息、彰显婚礼现场氛围的蔷薇花蛋糕。颜色缤纷当然很好看，但是淡粉色或者浅蓝色制作出来的蔷薇花会更漂亮。制作非常简单，可以做很多朵，送给你的朋友，与大家一起分享。使用白色的豆沙一起来制作美丽的蔷薇花吧！

1

制作从一字开始的圆

1. 首先用16号星形裱花嘴在蛋糕的边缘位置画一个一字。
2. 不要抬手，接着一字顺时针画一个圆，一直连接到一字的底端。

   提示：圆画得太大或者太小会显得不自然。画圆结束的位置，如果向上抬手，会变得很奇怪，要注意，做成一个均匀的圆。

   提示：如果裱花嘴紧贴在杯形蛋糕的底端，会刻出印，不美观。做的时候，稍微与底端有点距离，画一个圆满的漂亮的圆。

3. 重复1~2次，根据杯形蛋糕的大小制作花朵。

2

——

填满中间和缝隙

1. 在空着的杯形蛋糕中间，
   用花朵将其填满，花朵与
   花朵之间尽量不要相互重
   叠。
2. 如果花朵与花朵之间还有
   缝隙的话，可以在缝隙里
   再制作花朵。从侧面看的
   话，呈一个圆圆的形状就
   可以了。

   小贴士：全部制作完成后，相
   比扁平的样子，圆圆凸起的样
   子更美观。

3

用糖珠与叶子做装饰

1. 将糖珠撒在杯形蛋糕上，增加其华丽感。如果没有糖珠的话，也可以用3号圆口裱花嘴，挤出白色的圆圆的小球球做装饰。

   小贴士：糖珠是由糖和淀粉混合之后做成的，外面再沾上食用银粉而制成的。与其他工具一样，在烘焙的网站上也可以买到。

2. 如图所示，在边缘部分添加5~6片叶子。叶子的制作方法参考第123页。

制作苹果花

apple blossom piping

准备

材料：白玉豆沙
工具：101号玫瑰裱花嘴或102号玫瑰裱花嘴，裱花袋，花嘴转换器，花托，裱花剪，油纸

　　花朵小巧、惹人喜爱的苹果花，如玫瑰一般，非常受人欢迎。整个布局结束后，制作一两朵放在花朵与花朵之间，将会起到锦上添花的效果。或者在杯形蛋糕上，全部布满苹果花，也会特别招人喜欢。苹果花是一个百搭的样式，用两种颜色，一起来制作美丽的苹果花吧！

1
准备两种颜色的豆沙

1. 将裱花袋翻过来，留出一定的空间，如图所示。
2. 用勺子将两种颜色的豆沙以1∶1的比例放入裱花袋中。

   小贴士：如果2种颜色的豆沙混合在一起，就做不出两种颜色的效果，所以尽量准确地将两种颜色分别放入裱花袋。

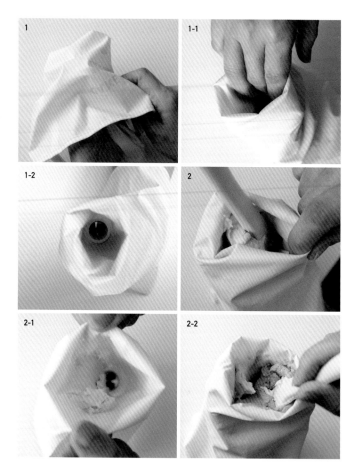

2

准备油纸

参考第84页,将油纸贴好。

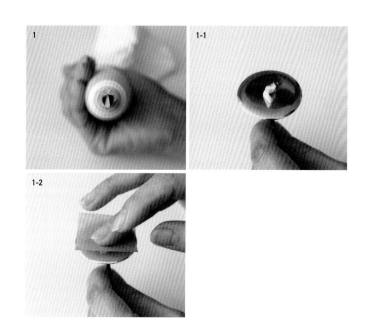

3

制作第一叶花瓣

1. 准备101号玫瑰裱花嘴或者102号玫瑰裱花嘴，将其薄的一边朝上，抓住裱花袋，将裱花嘴的下端贴在花托上。

2. 将裱花嘴轻轻靠在花托上，向上画一个圆形的花瓣，如图所示，在中间位置落笔。

3. 反过来看的话，呈一个小的水滴的形状就算成功啦。

提示：1. 右边的花瓣要比左边的花瓣稍微出来一点，下一叶花瓣才会挤得更方便。因为裱花嘴每次都要从花托上起步，所以越向右边越要往上走一点，花瓣才好看。

2. 花瓣的圆形部分是用右手做出来的，但同时左手也要转动花托，才能画出一个美丽的圆形。

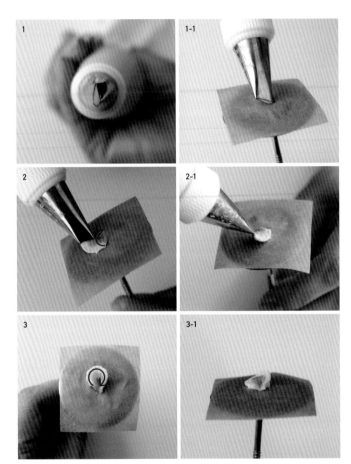

4
制作剩下的花瓣

1. 与制作第一叶花瓣相同，从第一叶花瓣右后面开始，画一个圆，用同样的方法做5叶花瓣。

2. 参考第87页，将做好的花瓣放入冷冻室冷冻30分钟左右，再拿出来做装饰用。

提示：豆沙冻得慢，化得快，所以从冷冻室里拿出来后，请尽快使用。

提示：每叶花瓣要做得大小一样，这样出来的效果才更好。如果很难控制花瓣的大小，可以先在油纸上画出5等份的花瓣，再按照事先画好的图来制作。

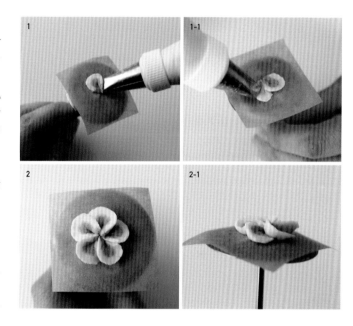

制作向日葵

sunflower piping

准备

材料： 杯形蛋糕 1个，白玉豆沙
工具： 352号叶子裱花嘴，3号圆口裱花嘴，裱花袋，花嘴转换器

　　向日葵娇黄的颜色、盛开的样子，深受大众的喜欢。做出来的样子就像真的鲜花一样，很适合送给朋友做礼物。

1

———

制作花蕊的空间

1. 在杯形蛋糕的上面薄薄地涂一层豆沙做准备。
2. 在杯形蛋糕的中间位置，用裱花嘴或者花嘴转换器的底端轻轻印一下，形成一个圆形的空间。

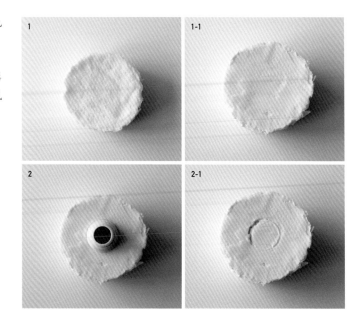

2

制作5~6叶花瓣

1. 使用352号叶子裱花嘴,将
   其V字口转半圈,保证裱
   花嘴突出的部分朝上,拿
   好裱花袋。

   小贴士:只有将裱花嘴立在1—
   2点的方向,后面挤出来的花瓣
   才会更好看。如果将裱花嘴倒
   下来挤的话,做出来的花瓣外
   观不好看,后面再制作花瓣也
   会很困难。

2. 沿着刚才在中间画的圆圈,
   合理安排花瓣的大小,做
   5~6叶花瓣,花瓣与花瓣之
   间稍微重叠一点好看。花
   瓣的下端稍微厚实一点,
   越往上用的力越小,做成
   薄薄的尖尖的四边形。

   提示:如果花瓣的下端做得很
   薄,花瓣看起来会显得不茂
   盛;如果花瓣的上端很厚,看
   起来会显得很厚重。所以尽量
   做成下端厚实一点,上端薄薄
   的、尖尖的为好。

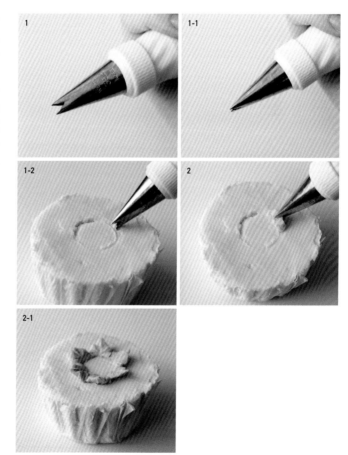

3

展开花瓣

1. 将裱花嘴成对角线方向立好，在之前做好的5~6叶花瓣的中间挤裱花袋，制作花瓣。

   小贴士：所有的花瓣都要在花瓣与花瓣的缝隙中穿插来完成，这样才会看起来更茂盛、更自然。

2. 花瓣一直做到杯形蛋糕的边缘，将其填满为止。

4

制作花蕊

1. 在豆沙中加入一点可可粉混合之后，用3号圆口裱花嘴，将杯形蛋糕中间空着的位置都填满。

2. 不用太用力，做成圆圆的、小小的花蕊即可。

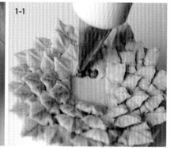

制作叶子、花蕾、满天星

leaf, peak, gypsophila piping

材料：杯形蛋糕 1个，白玉豆沙
工具：352号叶子裱花嘴，3号圆口裱花嘴，裱花袋，花嘴转换器

　　本章里让我们一起来了解一下能使蛋糕变得生机勃勃的叶子、花蕾和满天星的做法。这三种组合在一起，可以使蛋糕的整体效果上升一个档次，看上去像新鲜的鲜花一样自然清新，又可以遮挡住不规整的位置，一举两得。本章让我们一起做一个盛开着3朵玫瑰花的杯形蛋糕吧！

1
制作叶子

1. 使用352号叶子裱花嘴，将其V字口转半圈，保证裱花嘴突出的部分朝上，拿好裱花袋。
2. 在花朵与花朵之间，或者需要叶子做装饰的位置上，放入裱花嘴，底部厚实点，越往上用力越小，做成薄薄的叶子。

   提示：不要收力过快，否则会显得很不自然。但也不要收力过慢，这样做出来的叶子会变长，显得不自然。要适当地收力，多加练习。

   小贴士：叶子要挤在花朵与花朵之间，不要留空隙，挤得厚实一点。做1~3片叶子就可以了，做得太多会显得不整洁。

2
—
制作满天星

1. 用3号圆口裱花嘴将3朵花之间的缝隙填满。

2. 下端要厚实，越往上越薄，做出来的效果才好看。

   提示：如果做得太薄，会导致白色的豆沙不粘，这点要注意。

3. 使用3号圆口裱花嘴，在绿色的满天星上面，挤2/3的白色满天星。

   小贴士：白色满天星做得小小的、圆圆的会更好看。

3

制作花蕾

1. 使用3号圆口裱花嘴，如制作满天星一样，在3朵花之间挤裱花袋。与满天星相比，只做花蕾时要更用力，做成大大的、圆圆的花蕾。

   小贴士：中间部分做2~3个花蕾就可以了，与满天星在同一个地方做，效果也很好。

2. 如制作满天星一样，使用3号裱花嘴，制作白色的花蕾。将裱花嘴轻轻放入花蕾的里面，挤出圆圆的花蕾。

制作蓝盆花

scabiosa piping

材料：杯形蛋糕 1 个，白玉豆沙

工具：103号玫瑰裱花嘴或104号玫瑰裱花嘴，81号菊花裱花嘴，3号圆口裱花嘴，裱花袋，花嘴转换器

　　蓝盆花的花瓣非常有特点，不规则且布满纹路。制作的时候，用两种颜色混合做出渐变的效果，花瓣会更自然美丽。相对来说，在杯形蛋糕上面直接制作大的蓝盆花的情况比较多，有时候也做小朵的花。或者也可以像别的花朵的制作过程一样，先在杯形蛋糕上制作花柱，再按同样的顺序制作蓝盆花也可以。在杯形蛋糕上直接做蓝盆花时，提前用裱花剪或小勺在杯形蛋糕表面涂一层薄薄的豆沙，做出来的效果会更好。

1

制作第一阶段的花瓣

1.将103号玫瑰裱花嘴或者
   104号玫瑰裱花嘴的薄的
   一边朝上，如图所示，拿
   好裱花袋，在杯形蛋糕的
   边缘部分准备开始制作。

2.将裱花嘴一会儿倾斜，一
   会儿向上，一会儿向下，
   做成一个有波纹的饱满的
   花瓣。一叶花瓣上做出
   2~3个波纹就可以了。

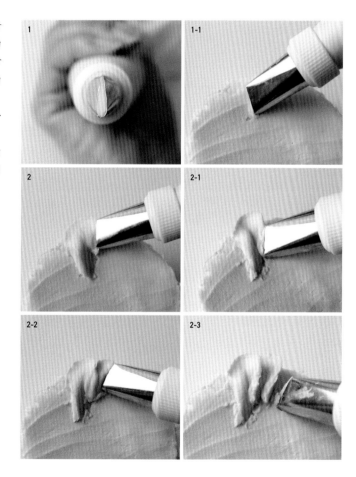

3.每2~3个波纹连在一起，连
成一个大的水波模样的花
瓣。

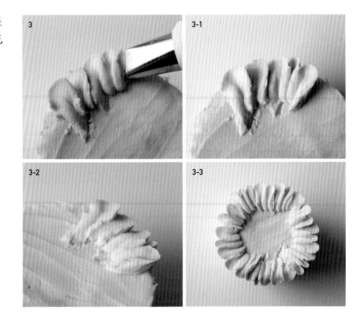

2

制作第二阶段的花瓣

1.第二阶段的花瓣要在第一
阶段花瓣的上方进行，相
互穿插着来，从上面看能
看到下面的花瓣。

2.与制作第一阶段的花瓣一
样，每2~3个波纹连在一
起，组成一个大的水波纹
形状的花瓣。需要注意的
是，每个波纹的大小要尽
量一致均匀，这样从上面
看的时候样子才更好看。

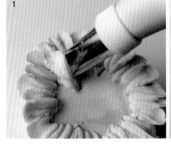

3

制作第三阶段的花瓣

1. 将中间空出来的空间画一
   个"一"字填满。
2. 与制作第二阶段的花瓣一
   样，制作第三阶段的花
   瓣。相互错开，更好看。
3. 与之前一样，每个波纹要
   尽量均匀一致才显得更美
   观。

4

制作中间的花瓣

1. 用裱花嘴的后端在中间轻轻地印一个圆圆的印记。
2. 使用81号菊花裱花嘴，类似做菊花一样，沿着圆圈印记挤压裱花袋。
3. 如果想看上去更茂盛的话，可以做两圈。

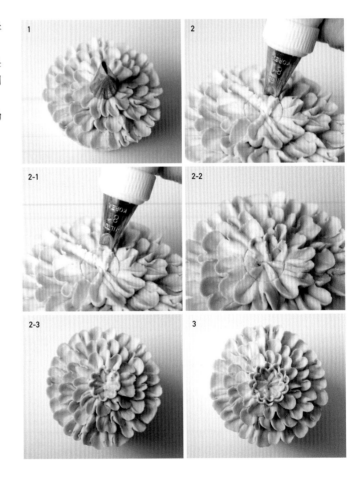

5

制作花蕊

1. 使用3号圆口裱花嘴，用棕色的豆沙将中间空余的部分填满花蕊。

   小提示：棕色的豆沙可以混合可可粉末制成。

2. 花蕊要做得小巧、饱满，不要太用力，轻轻地点上就可以了。

   提示：制作花蕊时，如果特别用力的话，做不出很饱满的花蕊。要轻轻的，不要用力，点上花蕊即可。

制作迷你玫瑰花
和迷你菊花

mini rose &
mini chrysanthemum piping

准备

材料：白玉豆沙
工具：81号菊花裱花嘴，101号玫瑰裱花嘴或102号玫瑰裱花嘴，裱花袋，花嘴转换器，花托，裱花剪

　　花比正常花朵小一点，会显得更小巧可爱。本章将跟大家一起制作7朵迷你菊花和迷你玫瑰花。注意一下制作要点，让我们一起来制作吧！

1

制作迷你菊花

1. 参考第73页制作菊花的方
   法，做一个小的菊花。首
   先，做一个2厘米左右的
   花柱。

   小贴士：有花蕾的菊花做法参
   考第79页。

   提示：如果做得太大，杯形蛋
   糕上最多也就能放5~6朵花，
   所以不要做得太大。

2. 之后的做法，参照第75
   页，制作3叶花瓣。

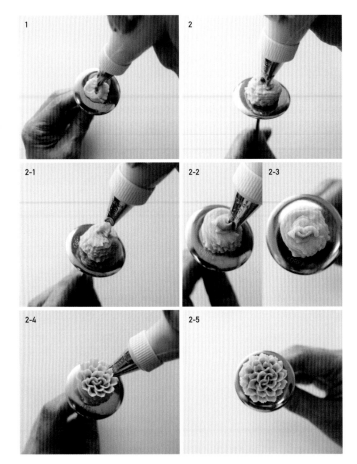

2

制作迷你玫瑰

使用101号玫瑰裱花嘴或者102号玫瑰裱花嘴，参考第65页玫瑰花的基本做法，做一个小一点的玫瑰花。小玫瑰花的要点是花柱做2厘米左右。

注意：与玫瑰花的基本做法不同，迷你玫瑰花用的是103号玫瑰裱花嘴或者104号玫瑰裱花嘴。

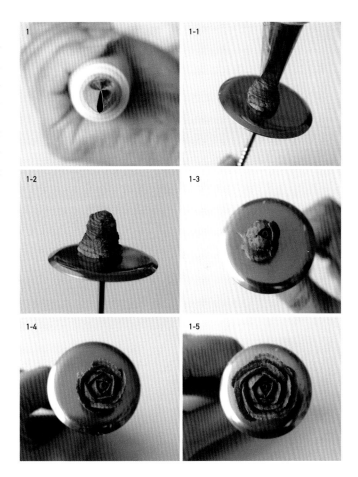

3

用花朵装饰蛋糕
完成制作

使用各种各样美丽的花朵，放在蛋糕的上面，一块美丽的鲜花蛋糕就完成了。根据杯形蛋糕的大小不同，以及你要制作的风格不同，最后呈现的效果也不一样。让我们来一起装饰属于自己的花朵蛋糕吧！

在杯形蛋糕上装饰一朵玫瑰花

one rose arrange

准备

材料：杯形蛋糕，豆沙玫瑰花
工具：裱花剪
叶子准备物：绿色豆沙，裱花袋，352号裱花嘴，花嘴转换器

当杯形蛋糕上只用一朵花装饰的时候，虽然看上去可能会有些单调，但更能突出花朵的美丽、更简洁。正如"Simple is the best"所表达的，简单是最美的！

1. 用裱花剪将制作好的豆沙玫瑰的花柱剪断。

2. 将花朵转移到准备好的杯形蛋糕上。

   提示：如果不放在正中间，看上去不美观。

(O)　　(X)

3. 在花朵的周围制作2~3片叶子。

   小贴士：叶子的制作方法，请参照第123页。

在杯形蛋糕上装饰三朵花

three flowers arrange

准备

材料：杯形蛋糕，3朵玫瑰花或者菊花豆沙裱花，豆沙
叶子准备物：裱花剪，352号叶子裱花嘴，花嘴转换器

给很多人送礼物的时候，相比于大的蛋糕，小的杯形蛋糕也许更受欢迎。但是问题来了，怎么在小小的杯形蛋糕上装饰好几朵花呢？本章，让我们一起来学习一下！

1. 将杯形蛋糕平均分成3等份，用裱花剪先转移一朵花。此时，要将花稍微倾斜一点，这样整体效果更好。为防止花朵滑落，在花朵与杯形蛋糕接触的位置，要用裱花剪轻轻按实。

2. 用同样的方法，将其他的花朵也转移到杯形蛋糕上。如果花朵与花朵之间贴得不紧密的话，很容易滑落或者从上端看形成洞，影响整体美观，这点请注意。

3. 在花朵与花朵的间隙中，加入1~2片叶子，将空间填满。
   小贴士：叶子的制作方法请参考第123页。

4. 在三朵花接触的上方位置，可以加入1~2片叶子，或者加入一些满天星做点缀。
   小贴士：叶子的制作方法请参考第123页，满天星的制作方法请参考第124页。

用两朵花来装饰杯形蛋糕

只有两朵花的时候，剩余的空间可以用满天星、花蕾或者叶子等来装饰完成。

材料： 杯形蛋糕，菊花或玫瑰花等豆沙裱花两朵
工具： 裱花剪
叶子准备物： 绿色豆沙，裱花袋，352号叶子裱花嘴，3号圆口裱花嘴，花嘴转换器

1. 与之前3朵花的方法相同，将杯形蛋糕分成两等份，放上两朵豆沙裱花。

2. 在一朵花的里面位置，加入花蕾和满天星点缀。
   小贴士：花蕾的制作方法请参考第125页，满天星的制作方法请参考第124页。

将花朵装饰成
半圆形

crescent arrange

材料：1号慕斯圈（直径15厘米，高7厘米），玫瑰花或菊花等豆沙裱花10朵，豆沙
工具：裱花剪
叶子准备物：裱花袋，352号叶子裱花嘴，花嘴转换器

　　将花朵装饰成半圆形是指将花朵摆成月牙的形状。如果你想做一个简洁大方的蛋糕，这种装饰特别适合。空白处也可以用3号圆口裱花嘴写下你想传达的祝福。

1. 在蛋糕上首先制作一个半月形的接盘。主要作用是更好地固定花朵，使操作更便捷。

2. 在第一步中制作的半月形接盘的1/2处，首先放入3朵花，3朵花呈三角形。3朵花之间要相互紧贴着，以免滑落。从上往下看时，花与花之间不要有空隙。

3. 在另外的1/2位置，用第二步的方法再放入3朵花。

4. 6朵花要按照顺序、按照半月形的角度一朵一朵地放入，如图所示。

5. 在刚才的6朵花的上面，再加入2朵花。这时一定要注意花与花之间要紧密贴好，以免花朵滑落。

6. 在花与花的缝隙间，加入1~3片叶子，在空余的位置加入满天星和花蕾做点缀。

小贴士：1.填充在花与花之间的叶子，不仅可以遮挡住弄脏的部分，还可以增加花朵与花朵之间的紧密度，防止花朵滑落。

2.叶子的制作方法请参考第123页，满天星的制作方法请参考第124页，花蕾的制作方法请参考第125页。

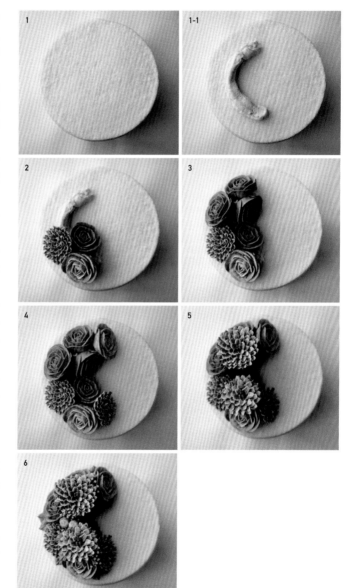

装饰花丛

blossom arrange

材料： 1号慕斯圈（直径15厘米，高7厘米），玫瑰花或菊花等豆沙裱花15~16朵，豆沙
工具： 裱花剪
叶子准备物： 绿色豆沙，裱花袋，352号叶子裱花嘴，满天星用白色豆沙，3号圆口裱花嘴，花嘴转换器

　　装饰成花丛指的是将蛋糕的表面全部放上花朵，给人一种百花盛开、花团锦簇的感觉。这类装饰特别适合在生日派对上使用，惹人喜爱的蛋糕将会给派对平添浓浓的庆祝氛围。

1. 在蛋糕表面，挤一个圆形的豆沙球。它将充当花托，起到支撑花朵的作用。

2. 在第1步做成的花托上，加入3朵豆沙裱花。

3. 在蛋糕的边缘位置，加入豆沙裱花。花与花之间不要留空隙，相互间紧密连接。

4. 如果花与花之间有大的空隙，可以在上面再加入1朵大花或2朵小花。本图中加入了1朵大花和4朵小花。

5. 在最底层的花朵之间，加入叶子做点缀。

   小贴士：叶子的制作方法请参考第123页。

6. 在上层的花朵之间，加入叶子、满天星和花蕾等做点缀。

   小贴士：叶子的制作方法请参考第123页，满天星的制作方法请参考第124页，花蕾的制作方法请参考第125页。

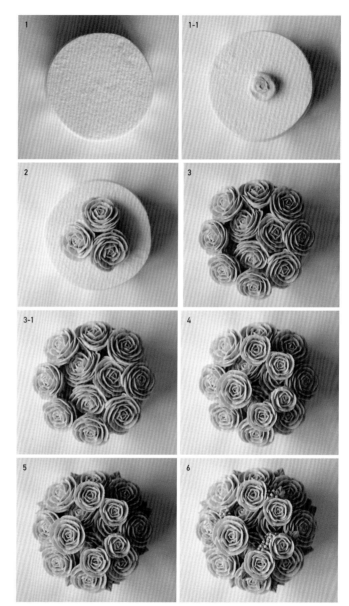

装饰花环

wreath arrange

准备

材料：1号慕斯圈（直径15厘米，高7厘米），玫瑰花或菊花等豆沙裱花15~16朵，豆沙
工具：裱花剪
叶子准备物：绿色豆沙，裱花袋，352号叶子裱花嘴，满天星用白色豆沙，3号圆口裱花嘴，花嘴转换器

　　如果你是一个喜欢花朵的人，一定对花环这个词很熟悉。虽然它的制作难度很大，但做好了真的会受到很多朋友的喜爱。

1. 如果怕蛋糕表面太干的话，可以在中间涂一层薄薄的豆沙。

2. 从蛋糕的边缘部分开始加入豆沙裱花。2朵在外，1朵在内，呈三角形的模样，相互紧贴着。要倾斜着放花朵，效果才更好。

3. 沿着边缘的位置，再加入一朵花。

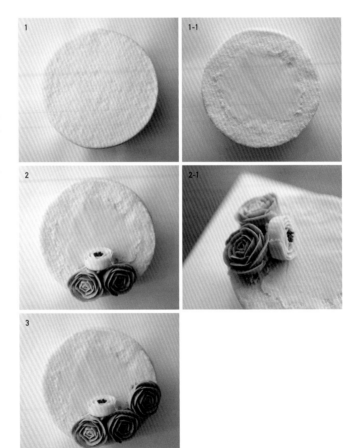

4. 就这样反复2~3次，将蛋糕的边缘位置全部围起来，如图所示。

5. 在里面已经加入的3朵花中间，挤一个圆圆的豆沙球。

6. 在步骤5的豆沙球上，加入3朵相互紧贴的豆沙裱花。

7. 在花与花之间，加入1~3片叶子。在上端的花朵之间加入满天星做点缀，顺便遮挡弄脏的部分，增加花朵之间的紧贴度。在空余的位置上，加入满天星和花蕾做点缀，完成蛋糕的装饰。

小贴士：叶子、满天星、花蕾的制作方法参考第123~125页。

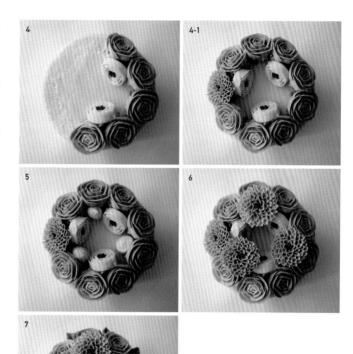

装饰穹顶

dome arrange

准备

材料： 1号慕斯圈（直径15厘米，高7厘米），玫瑰花或菊花等豆沙裱花15~16朵，豆沙
工具： 裱花剪
叶子准备物： 绿色豆沙，裱花袋，352号叶子裱花嘴，满天星用白色豆沙，3号圆口裱花嘴，花嘴转换器

　　装饰穹顶正如字面意思所言，将五彩斑斓的花朵装饰成一个圆形的穹顶风格，与花丛风格类似，是完全覆盖蛋糕表面的一种装饰风格。

1.在蛋糕的中间用豆沙制作
　一个穹顶一样的基底。

2.沿着刚才做成的基底边
　沿，加入花朵。不要漏出
　基底，花朵与花朵之间不
　要留缝隙，相互连接。

3.在基底的中心位置加入一
　朵花。

4.在中间位置的花的周围，
　再加入5~6朵花。

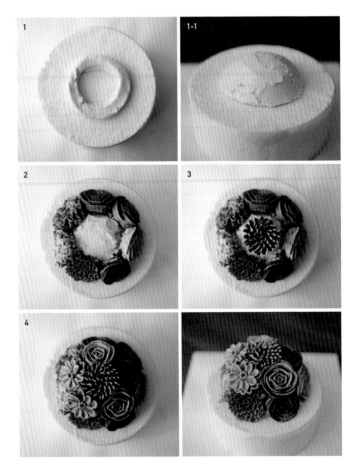

5.在花与花之间加入叶子。

6.如果留有大的缝隙，可以
  加入花蕾和满天星做装
  饰。
  小贴士：叶子、满天星、花
  蕾的制作方法参考第123~125
  页。

装饰迷你玫瑰花

mini rose arrange

准备

材料：杯形蛋糕，迷你豆沙玫瑰花7朵
工具：裱花剪
叶子准备物：绿色豆沙，裱花袋，352号叶子裱花嘴，花嘴转换器

　　装饰迷你玫瑰花是指在小的杯形蛋糕上装饰7朵花，制作的关键是花与花之间的紧密程度。花朵如果是一个颜色也会好看，最好与白色的花朵搭配完成，这样会更显高贵。

1. 在杯形蛋糕上加入迷你玫瑰花。不要剪断花柱，直接转移。

2. 其余的5~6朵花，在周围依次摆放。周围摆放的花，要将花柱剪断再转移。

   提示：如果是迷你玫瑰花，尽量将花瓣呈一字形摆放，会显得整体更整洁。

3.花与花之间要充分紧密连
　接，将所有花都转移到蛋
　糕上。

4.在花与花之间加入叶子。

5.根据整体效果，可以只在
　最外层的花朵上加叶子，
　也可以每朵花都加叶子。

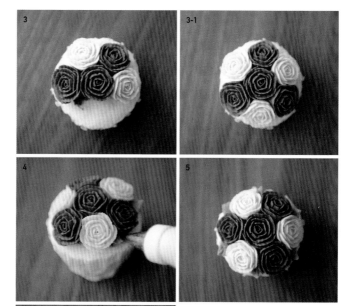

小贴士：用与装饰迷你玫瑰花
相同的方法，装饰迷你菊花的
样子。

图书在版编目（ＣＩＰ）数据

　韩式豆沙裱花　鲜花蛋糕 / (韩) 崔秀晶著 ; 金慧
玲译 . — 沈阳 : 辽宁科学技术出版社 , 2018.8
　ISBN 978-7-5591-0738-1

　Ⅰ . ①韩… Ⅱ . ①崔… ②金… Ⅲ . ①蛋糕 – 糕点加
工 . Ⅳ . ① TS213.23

中国版本图书馆 CIP 数据核字 (2018) 第 140149 号

出版发行：辽宁科学技术出版社
　　　　　（地址：沈阳市和平区十一纬路 25 号 邮编：110003）
印 刷 者：辽宁新华印务有限公司
经 销 者：各地新华书店
幅面尺寸：170mm × 240mm
印　　张：10
字　　数：200 千字
出版时间：2018 年 8 月第 1 版
印刷时间：2018 年 8 月第 1 次印刷
责任编辑：康　倩
封面设计：魔杰设计
版式设计：袁　舒
责任校对：徐　跃

书　　号：ISBN 978-7-5591-0738-1
定　　价：49.80 元

电话：024-23284367　　　　　联系人：康倩 编辑
E-mail：987642119@QQ.com
邮购热线：024-23284502